BEI GRIN MACHT SICH IHR WISSEN BEZAHLT

AF152919

- Wir veröffentlichen Ihre Hausarbeit,
  Bachelor- und Masterarbeit

- Ihr eigenes eBook und Buch -
  weltweit in allen wichtigen Shops

- Verdienen Sie an jedem Verkauf

Jetzt bei www.GRIN.com hochladen und kostenlos publizieren

Tim Lukas Zukunft

Der Woonboulevard Heerlen - Einblick in die Geschichte und Analyse

GRIN Verlag

Bibliografische Information der Deutschen Nationalbibliothek:

Die Deutsche Bibliothek verzeichnet diese Publikation in der Deutschen National-
bibliografie; detaillierte bibliografische Daten sind im Internet über http://dnb.d-
nb.de/ abrufbar.

Impressum:

Copyright © 2010 GRIN Verlag, Open Publishing GmbH
Druck und Bindung: Books on Demand GmbH, Norderstedt Germany
ISBN: 978-3-656-18850-6

Dieses Buch bei GRIN:

http://www.grin.com/de/e-book/191173/der-woonboulevard-heerlen-einblick-in-
die-geschichte-und-analyse

GRIN - Your knowledge has value

Der GRIN Verlag publiziert seit 1998 wissenschaftliche Arbeiten von Studenten, Hochschullehrern und anderen Akademikern als eBook und gedrucktes Buch. Die Verlagswebsite www.grin.com ist die ideale Plattform zur Veröffentlichung von Hausarbeiten, Abschlussarbeiten, wissenschaftlichen Aufsätzen, Dissertationen und Fachbüchern.

Besuchen Sie uns im Internet:

http://www.grin.com/

http://www.facebook.com/grincom

http://www.twitter.com/grin_com

TIM ZUKUNFT

WOONBOULEVARD HEERLEN

FACHARBEIT

Differenzierungskurs 9 - Erdkunde

INHALTSVERZEICHNIS

ANMERKUNGEN

Das Literatur- und Quellenverzeichnis befindet sich am Ende dieser Facharbeit. Quellen werden mit hochgestellten Zahlen markiert und im Literatur- und Quellenverzeichnis aufgelistet. (Beispiel: xyz [99])

1. WAS IST EIN „WOONBOULEVARD"?

„Woonboulevard", bzw. auch seltener „Meubelboulevard", ist eine, in den Niederlanden, gängige Bezeichnung für eine Art Einkaufszentrum, das Geschäfte beinhaltet, die auf den Schwerpunkt „Wohnen und Einrichten" zugeschnitten sind.

Der erste Woonboulevard wurde 1991 in Heerlen errichtet.

Der aktuell größte Woonboulevard Europas befindet sich in Apeldoorn-Oost, mit einer Größe von 190.000 m². [1]

2. WOONBOULEVARD HEERLEN

2.1. LAGE UND INFRASTRUKTUR

Der Woonboulevard Heerlen, kurz: WBH, befindet sich im Nordwesten der niederländischen Stadt Heerlen. Die genaue Adresse lautet:

In de Cramer 78A

6401 DM Heerlen

Der Woonboulevard ist, von Aachen aus, leicht zu erreichen.

Mit dem Auto folgt man am Aachener Kreuz der A4, in Richtung Maastricht, überquert die Grenze zu den Niederlanden und folgt der Autobahn, die nun A76 heißt, weiter bis zur Ausfahrt „Heerlen-Noord, Voerendaal", von dort der N281 bis zum Woonboulevard folgen.

Auch mit dem Bus ist eine schnelle Anreise möglich, so fährt man ab Aachen mit der Linie 44 bis „Heerlen Busstation" steigt dann um in die Linie 42, in Richtung Sittard-Geleen, bis zur Haltestelle „In de Cramer/IKEA". [2]

PARKPLÄTZE

Der Woonboulevard verfügt über 4.000 Parkplätze. Das Parken dort ist überall kostenlos. Dazu kommen zwei Parkdecks auf dem Dach des IKEAs, auch dort ist das Parken kostenlos, jedoch ausschließlich für IKEA-Besucher.

2.1.2.   AUSBAU DER INFRASTRUKTUR

Seit dem 6. April 2010 wird der Straßenbelag der niederländischen Nationalstraße N281 von der deutsch-niederländischen Grenze bis zum Woonboulevard erneuert. Dies ermöglicht eine komfortablere Anreise insbesondere für Kunden aus Deutschland.

Ab Mitte 2010 wird auch eine Anreise mit der Euregiobahn möglich. Die Haltestelle soll in Gehweite zum Woonboulevard entstehen. Die Strecke soll Teil der „Heuvellandlijn", die von Maastricht nach Kerkrade führt, werden. Die Stadt Heerlen erwarte dadurch jährlich etwa zwei Millionen Fahrgäste, vor allem aus dem Raum Aachen.

Der Bau begann im Januar 2010 nach viel hin und her, da vor allem im Woonboulevard ansässige Einzelhändler gegen den Bau der Bahnstrecke protestieren. Sie befürchten, dass Kunden ihr Auto auf den Parkplätzen parken und dann via „Heuvellandlijn" nach Maastricht weiterreisen. [3]

2.2.   GESCHICHTE

Der Woonboulevard Heerlen wurde 1991 als erster Woonboulevard der Niederlande eröffnet. Damals betrug seine Fläche 40.000 m².

Heute beträgt seine Fläche 120.000 m². (s. „2.3. Fläche")

2.2.1.   10. SEPTEMBER 2008

In der Nacht zum 10. September 2008 brach in einem Fachgeschäft für Schlafzimmer („Oase Slaapkamers Speciaalzaken") ein Brand aus. Die Schäden an den Gebäuden waren signifikant. Das Feuer brach um etwa 05:00h nachts aus. Die Feuerwehr brauchte rund 9 Stunden, um die Flammen unter Kontrolle zu bringen.

Aufgrund der starken Rauchentwicklung und Wasserschäden, wurde nahegelegene Geschäfte kurzzeitig evakuiert.

Auslöser des Brands war wahrscheinlich eine defekte Alarmanlage. Es entstand ein Schaden in Millionenhöhe. [4]

Nach mehreren Umbauten beträgt seine Fläche heute 120.000 m², und war bis 2010, als er vom Woonboulevard Apeldoorn-Oost (190.000 m²) abgelöst wurde, der größte Woonboulevard Europas.

Die Länge des WBH beträgt 1,2 km.

Mit seiner Fläche von 120.000 m² ist der Woonboulevard größer als die Heerlener Innenstadt mit 70.000 m².

Bei nur 95.114 Einwohnern beträgt die gesamte Einzelhandelsfläche in Heerlen 328.422 m², das sind ca. 3,45 m² Einzelhandelsfläche pro Einwohner. Damit liegt Heerlen in der Euregio Maas-Rhein unangefochten vorne. Im Anhang findet sich eine Tabelle, in der auch Vergleichszahlen der Städte Aachen und Maastricht verfügbar sind. [5]

2.4.   GESCHÄFTE

Im Gebiet des Woonboulevards befinden sich über 50 Geschäfte der Bereiche Wohnen, Bauen und Garten aber auch verschiedene Restaurants und Cafés.

EINE GENAUE AUFLISTUNG DER GESCHÄFTE FINDET SICH IM ANHANG!

Die Öffnungszeiten der meisten Geschäfte sind:

Mo.	13:00h	-	18:00h
Di.+Mi.+Fr.	10:00h	-	18:00h
Do.	10:00h	-	21:00h
Sa.	10:00h	-	17:00h
So.	s. unten		

Zusätzlich ist jeder letzte Sonntag im Monat verkaufsoffen. Außerdem ist der Woonboulevard an vielen deutschen Feiertagen geöffnet. Generell sind die Geschäfte an den verkaufsoffenen Sonntagen von 10:00h - 17:00h geöffnet.

Die obengenannten Öffnungszeiten sind allerdings nur Richtzeiten. Jedem Geschäft ist es freigestellt diese zu ändern, jedoch stimmen diese mit den Geschäften meist überein.

Zusätzlich stellt der Woonboulevard an den verkaufsoffenen Sonntagen, und an weiteren, ausgewählten Tagen, Verkehrskadetten zur Verfügung, die für einen geordneten Verkehrsfluss sorgen sollen. [6]

Schätzungsweise 4 Mio. Besucher finden jährlich den Weg zum WBH, der gemessen an seinen Besucherzahlen das drittgrößte Einkaufszentrum in Südlimburg ist. (nach Maastricht-Zentrum und Heerlen-Zentrum)

Auch aufgrund seiner Nähe zum Dreiländereck „Deutschland – Niederlande – Belgien", erfreut sich der Woonboulebard auch zunehmend der starken Kundenresonanz aus dem Ausland, wie die folgenden Graphiken beschreibt.

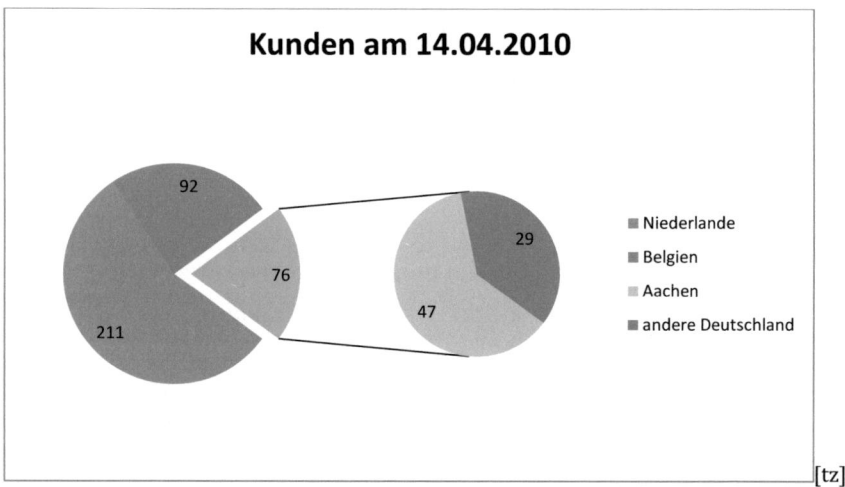

[tz]

NICHT IN DIESES DIAGRAMM MIT EINBEZOGEN IST:

- 1 Auto aus Bosnien und Herzegowina!

Am 14. April 2010 parkten auf dem Hauptparkareal des Woonboulevards 76 Autos aus Deutschland, bei insgesamt 379 Autos [1] sind das 20%.

Es handelt sich hierbei um eine Momentaufnahme der parkenden Autos um ca. 15:00h.

Ein weiteres Diagramm zeigt die Parksituation am 03. Juni 2010 (Fronleichnam). Am deutschen Feiertag Fronleichnam ist der Woonboulevard geöffnet.

---

[1] Ohne das Auto aus Bosnien und Herzegowina

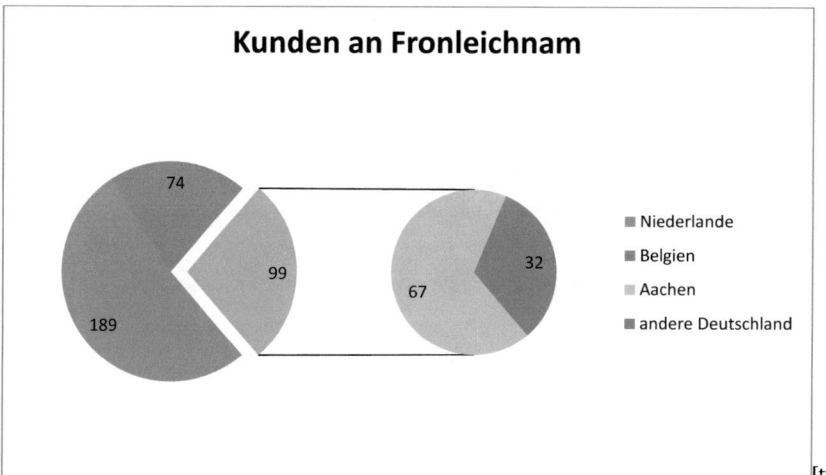

[tz]

NICHT IN DIESES DIAGRAMM MIT EINBEZOGEN SIND:

- 1 Auto aus Luxemburg und 2 Autos aus Frankreich!

Auch hier handelt es sich um eine Momentaufnahme der parkenden Autos um ca. 13:30h.

Man sieht, dass die Besucherzahlen aus Deutschland an Feiertagen, im Gegensatz zu normalen Werktagen, stiegen. An Fronleichnam besuchten ca. 30% mehr Deutsche den Woonboulevard, während Besucher aus den Niederlanden und aus Belgien z.T. sogar aus blieben.

Man kann also sagen, dass Deutsche die Möglichkeit an Feiertagen im benachbarten Ausland einzukaufen durchaus nutzen, dies unterlegen diese Zahlen.

2.6.   MITARBEITER

Aktuell beschäftigt der WBH ca. 1.000 Arbeiter, davon sind 430, also 43%, bei IKEA beschäftigt.

Aufgrund des großen Kundenanteils aus dem Nachbarland Deutschland (s. „2.4. Kunden"), ist der Woonboulevard daran interessiert, auch deutsche bzw. deutschsprachige Arbeitskräfte einzustellen.

Der Woonboulevard wirbt für diese Jobs mit den Argumenten; es herrsche eine ganz andere Arbeitsatmosphäre und es gäbe flachere Hierarchien als in deutschen Unternehmen. [7]

2.7.   IKEA

[8]

2.7.1.   HEERLEN I

Mit der Eröffnung von IKEA, im Jahre 1994, wagte der Woonboulevard Heerlen als eine der ersten europäischen Shopping-Malls, einen multinationalen Großkonzern mit kleineren Einzelhändlern zu kombinieren.

Damals betrug seine Fläche 14.500 m² und es waren 80 Arbeiter angestellt.

2.7.2.   HEERLEN II

Schon bald erwies sich der WBH als guten Standort für IKEA „Heerlen I", im Jahr 2000 wurde IKEA „Heerlen II" eröffnet, dabei wurde die Verkaufsfläche auf 24.500 m² erweitert. Darüber hinaus schuf der Umbau rund 170 neue Arbeitsplätze.

2.7.3.   HEERLEN III

Im Oktober 2007 begann der zweite Umbau des Heerlener IKEA-Haus, damit auch während der Bauzeit IKEA geöffnet bleiben konnte, wurde der der Umbau in Phasen aufgeteilt beginnend mit der 1. Phase, die vorbereitend war für die 2. Phase.

In der 2. Phase (ab Januar 2008 bis August 2008) wurden vor allem die Ausstellungs- und Verkaufsräume umgebaut.

Während der 3. Phase wurden Teile des alten „Heerlen II"-Gebäude abgerissen, um Platz für ein Lageranbau und weitere Parkflächen zu schaffen.

Nach der finalen 3. Phase beträgt die Verkaufsfläche nun 37.000 m². Das ist das ca. 2,5-fache der Verkaufsfläche von 1994.

Man bedachte nicht nur an die deutliche Vergrößerung der Filiale, eine weitere Optimierung von Service, Qualität und Präsentation der Ware, sondern auch an Umweltfreundlichkeit. Statt den zuvor üblichen Lampen mit 50 und 35 Watt, benutzt man mittlerweile nur noch speziell entwickelte Spots mit 20 Watt. Dies bedeutet das IKEA Heerlen pro Jahr 7,5 % an Energiekosten einspart.

IM ANHANG BEFINDEN SICH DIAGRAMME, DIE DIE ENTWICKLUNG VON IKEA DARLEGEN!

2.7.4.   MULTIKULTURELLES IKEA

Weltweit ist IKEA für seine Internationalität und die multikulturelle Unternehmensstruktur bekannt.

Auch IKEA Heerlen, mitten in der Euregio Maas-Rhein gelegen, spiegelt dies besonders wider. IKEA beschäftigt in Heerlen, wie auch der gesamte Woonboulevard, nicht nur Arbeitskräfte aus den Niederlanden, sondern auch aus Deutschland und Belgien, darüber hinaus; der Geschäftsführer ist Franzose und der Unternehmenssitz liegt in Schweden.

Die Multinationalität lässt sich natürlich auch bei den Kunden feststellen, die ebenso aus dem gesamten Dreiländereck und der Euregio stammen.

3. PERSÖNLICHE BEWERTUNG

Nicht um sonst wurde der Slogan „Waar anders..." (dt: „Wo sonst?") gewählt, denn wo sonst kann man in der Euregio eine ähnliche Shopping-Mall finden wie in Heerlen.

Braucht man neue Matratzen, eine neue Lampe oder eine neue Küche, so lohnt sich ein Abstecher zum Woonboulevard Heerlen – in meinen Augen – immer.

Unter anderem wegen seiner komfortablen Lage, dem kostenlosen Parken, aber auch aufgrund der Preise, die größten Teils billiger als deutsche sind, ist der Woonboulevard eine gute Wahl.

4. ANHANG

4.1. TABELLEN/DIAGRAMME

4.1.1. ZU PUNKT „2.3. FLÄCHE"

Einzelhandelskennzahlen, 2001

Gemeinde/Stadt	Einwohner	Einzelhandels-flächen (in m²)	Einzelhandels-flächen je Ein-wohner (in m²)
Aachen	254.650	375.000	1,47
Heerlen	95.114	328.422	3,45
Maastricht	121.738	252.906	2,08
Gesamt	**471.502**	**956.328**	**Ø = 2,03**

Quelle: [5]

[8b]

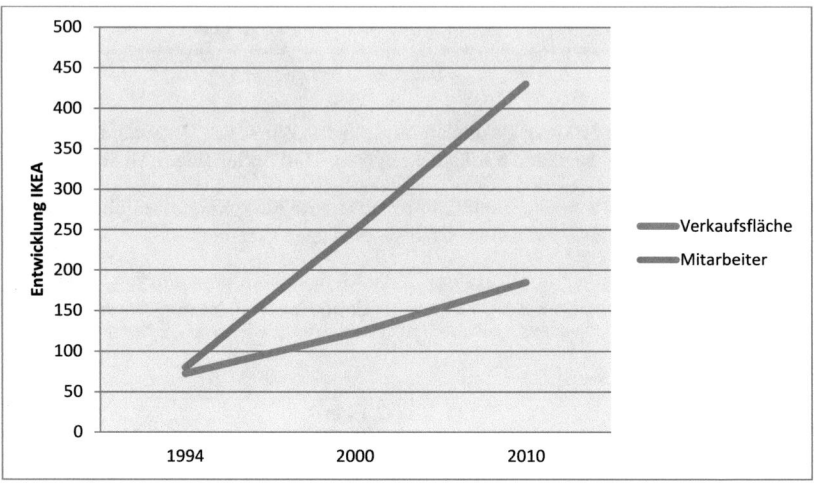

Verkaufsfläche: wie Achsenbeschriftung × 0,02

Mitarbeiter: wie Achsenbeschriftung

	Heerlen I	Heerlen II	Heerlen III
Verkaufsfläche in m²	14.500	24.500	37.000
Mitarbeiter	80	250	430

[9]

MEUBELS	WONINGINRICHTING	DIVERSEN	WOONWARENHUIZEN
MÖBEL	WOHNUNGSAUSSTATTUNG	DIVERSE	MÖBELHÄUSER
SLAAPKAMERS	BOUWMARKT	KEUKEN / BADKAMERS	HORECA
SCHLAFZIMMER	BAUMÄRKTE	KÜCHEN / BADEZIMMER	GASTRONOMIE

1. Babyplanet
2. BeddenREUS
3. Beter Bed
4. Boer Biet
5. Brugmans Keuken en Badkamers
6. Bruynzeel Keukens
7. Bufkes
8. Carpetright
9. Château d'Ax
10. Design House
11. Dreams Kidsbedding
12. Ed Home
13. Gamma
14. Goossens Wonen & Slapen
15. Iederbed
16. IKEA
17. Intratruin
18. Jumbo Golfswereld
19. KFC
20. Keukenconcurrent
21. Keukenhuis
22. Knibbeler Meubelen
23. Kuka
24. KVIK
25. Kwantum
26. LEEFtrends
27. Leen Bakker
28. Lundia
29. Montèl
30. Natuzzi
31. Nuva Keukens
32. OASE Slaapkamers Speciaalzaken
33. Pets Place XL
34. Praxis
35. Prénatal
36. Rofra Meubelen
37. Rose Slaapcomfort
38. Sanders Meubelstad
39. Seats & Sofas
40. Slaapgenoten
41. Swiss Sense
42. Tapijtcentrum Nederland
43. Trendhopper
44. Trendyz
45. Tuinblokker
46. Van den Heuvel – licht & wonen
47. Vegers Meubelen
48. Woonmekka
49. Woonsquare
50. Xenos

5. LITERATUR- UND QUELLENVERZEICHNIS

[tz] Tim Zukunft

[1] http://nl.wikipedia.org/wiki/Woonboulevard
[2]
    a. http://nl.wikipedia.org/wiki/Woonboulevard_Heerlen
    b. http://aachen.wikia.com/index.php?title=IKEA&oldid=4998
[3]
    a. http://www.grenzecho.net/zeitung/aktuell/schlagzeilen_detail.asp?a={93 336BF6-5A0A-4AC5-9128-07D23CE45006}
    b. http://nl.wikipedia.org/wiki/Station_Heerlen_Woonboulevard
[4]
    a. http://www.l1.nl/L1NWS/_rp_links4_firstElementId/1_2859164/_rp_link s4_hasclickpage/1_1013/_pid/links4
    b. http://www.limburger.nl/article/20080910/REGIONIEUWS01/8407131 12/1055/RSS_REGIONIEUWS
[5] http://www.aachen.de/DE/wirtschaft_technologie/einzelhandel/positionspapie r_einzelhandel1.pdf
[6] http://www.wohnboulevardheerlen.de/   Rubrik: Kaufsonntag
[7] Interview von 100'5 '- Das Hitradio mit Vojislav Miljanovic; Audiodatei zu finden auf http://www.wohnboulevardheerlen.de/   Rubrik: Audio
[8]
    a. http://www.euregio-aktuell.eu/archives/10552-IKEA-ist-Synonym-fuer-euregionale-Zusammenarbeit.html
    b. Information IKEA (s. Bild)
[9] Flyer „Woonboulevard Heerlen"

BEI INFORMATIONEN IN NIEDERLÄNDISCHER SPRACHE WURDEN DIESE MIT HILFE VON ONLINE-WÖRTERBÜCHERN ÜBERSETZT!